BEI GRIN MACHT SICH IHR WISSEN BEZAHLT

Stephan Hintze

Die Automobilindustrie in Deutschland

GRIN Verlag

Bibliografische Information der Deutschen Nationalbibliothek:

Die Deutsche Bibliothek verzeichnet diese Publikation in der Deutschen National-
bibliografie; detaillierte bibliografische Daten sind im Internet über http://dnb.d-
nb.de/ abrufbar.

Impressum:

Copyright © 2000 GRIN Verlag GmbH
Druck und Bindung: Books on Demand GmbH, Norderstedt Germany
ISBN: 978-3-640-49157-5

Dieses Buch bei GRIN:

http://www.grin.com/de/e-book/21015/die-automobilindustrie-in-deutschland

GRIN - Your knowledge has value

Der GRIN Verlag publiziert seit 1998 wissenschaftliche Arbeiten von Studenten, Hochschullehrern und anderen Akademikern als eBook und gedrucktes Buch. Die Verlagswebsite www.grin.com ist die ideale Plattform zur Veröffentlichung von Hausarbeiten, Abschlussarbeiten, wissenschaftlichen Aufsätzen, Dissertationen und Fachbüchern.

Besuchen Sie uns im Internet:

http://www.grin.com/

http://www.facebook.com/grincom

http://www.twitter.com/grin_com

Mittelseminar der Humangeographie

„Wirtschaftsgeographie / Industriegeographie"

Eine Hausarbeit zum Thema

„Die Automobilindustrie in Deutschland "

vorgelegt am Institut für Geographie der Universität Potsdam

Stephan Hintze

Inhaltsverzeichnis

1 Einleitung

Die Deutschen Automobilindustrie ist einer der wichtigsten Industriezweige der Gegenwart und sicherlich auch der Zukunft. Sie hat einen enormen Anteil an der deutschen Wirtschaft, da sie ein Arbeitsplatzpotential wie kaum ein anderer Zweig in Deutschland bietet. Die folgende Arbeit soll sich mit dieser Thematik Automobilindustrie in Deutschland näher befassen. Sie soll eine Überblicksdarstellung der allgemeinen Entwicklung in Deutschland auf diesem Sektor, sowie eine vertiefenden Einblick in einzelne Großkonzerne (Volkswagen AG, Audi AG, Mercedes-Benz Konzern (jetzt DaimlerChrysler AG)) bieten. Die Datengrundlage für die als Beispiel aufgeführten Konzerne bilden die Geschäftsberichte 1999, die für die Öffentlichkeit frei zugänglich sind.

2 Allgemeine Geschichte zur Entstehung des Automobils

Die erste öffentliche Vorstellung eines Automobils erfolgte durch die beiden Herren Daimler und Benz im Jahre 1885/1886. Die Produktion verlief anfangs sehr schleppend, da es sich zum Beginn der Automobilindustrie nur um Unikate handelte. Die Autos wurden noch von Hand gebaut, somit konnte von einer Produktion im großen Rahmen noch nicht die Rede sein. Es setzte sich langsam aber stetig gegen die traditionellen Pferdegespanne durch und es trat eine stetige, anfangs schwacher später jedoch sehr stark ausgeprägte Aufwärtsbewegung in Sachen Automobilindustrie in Erscheinung.

Heute bildet diese Industrie in einigen industriell geprägten Staaten, kurz Industriestaaten, einen grundlegenden, unverzichtbaren Industriezweig. (Manche Volkswirtschaften würden durch einen Verlust dieses Zweiges wohl stark in Bedrängnis geraten, da zu dieser Branche eine Vielzahl von anderen Betrieben (Zulieferer usw.) in engstem Kontakt stehen und ihnen somit die Grundlage ihrer Arbeit mit einem Schlag verloren gehen würde. 1987 entstanden 50 % des Umsatzes der Kraftfahrzeugindustrie aus dem Verkauf von Kraftfahrzeugteilen und Zubehör. Die Produktionspalette wurde vom Automobil, das anfänglich vorrangig zur Personenbeförderung gedacht war, wurde in kurzer Zeit stark aufgegliedert. Heute zählen:

> ➢ *Nutzfahrzeuge*

> ➢ *Lastkraftwagen (Lkw)*

> *Omnibusse*

> *Personenkraftwagen (Pkw)*

> *Krafträder (Krad / Motorräder)*

dazu. Diese differenzieren sich jedoch alle nach ihrer Leistung, Ausstattung und Auf-
gabenstellung.

Pkws wurden im laufe des 19. Jahrhunderts in Nordamerika zum Massenverbrauchsgut und
es entstanden somit angemessene, riesige Produktionsstätten (moto-town Detroit), die mit
einer ebenso starken Kapitalaufwendung einhergehen. 1960 entfielen 97 % der Pkw
Produktion auf zehn Staaten der Welt, was eine immense Leistung dieser Staaten
darstellt. 1983 brachten es die USA, Japan und die Bundes Republik Deutschland zusammen
auf $^1/_5$ der weltweit produzierten Automobile (vgl. UNIDO (1986). „Umsätze 1983 und
Umsatzwachstum von 1963 bis 1983 der Fahrzeugindustrie ausgewählter Staaten").

2.1 geschichtliches zur Entwicklung in Deutschland

Dem Auto wurde in der Bundes Republik bis zum 2. Weltkrieg keine besondere Rolle
beigemessen. Es lief bis zu diesem Zeitpunkt unter dem Status des Luxusgutes. Somit war
zum Anfang des 20. Jahrhunderts kein Massenabsatz des Autos gegeben und damit die
Grundlage einer Massenproduktion in der Fahrzeugindustrie nicht vorhanden. Nach dem
zweiten Weltkrieg und der dort vorhandenen Währungsreform herrschte in Deutschland
verstärkter Nachholbedarf und die Nachfrage nach Automobilen stieg erheblich an. An
diesem Punkt der Geschichte der Bundesrepublik Deutschland begann sich das Auto als
Massenprodukt zu etablieren und der dazu gehörige Industriezweig, die Fahrzeugindustrie,
wurde aus der Wiege gehoben. Binnen kürzester Zeit wurde die Automobilindustrie zum
führenden Industriezweig in Deutschland. Die damals entstandenen Stammwerke waren:

> Stuttgart (Daimler- Benz)

> Rüsselsheim (Opel)

> Wolfsburg (Volkswagen)

4

Diese Stammwerke entstanden überwiegend in Ballungsgebieten, da diese über ein großes Potential an Arbeitskräften verfügte und die Firmen somit einen Agglomerationsvorteil zur Massenproduktion nutzen konnten. Ein weiterer Vorteil war zu der Zeit, dass der Boden relativ günstig zu bekommen war und somit große Flächen für Werke zur Verfügung standen. Im Fall des Volkswagenkonzerns in Wolfsburg entstand das Werk nicht in einem Ballungsgebietes. Hier gab die günstige Lage den Anstoß zum Bau. Die Stadt um das Werk entstand erst nach dem Bau der Fertigungshallen. 1936 war das periphere Gelände noch ödes Heidegebiet, 1980 hatte Wolfsburg dahingegen schon 132 000 Einwohner. Die Fabrik wurde erst zum Zwecke der Rüstungsindustrie gebaut, was auf die zentrale Lage am Mittellandkanal sowie die Nähe zur Bahn und Autobahn (Mitte zwischen Ruhrpott und Berlin). Dieses Werk hat zum Entstehen eines Ballungsgebietes beigetragen.

In den 50`er Jahren wurden die bis dorthin entstandenen Stammwerke zur Dezentralisierung durch das Fehlen von qualifizierten Arbeitskräfte gezwungen. Die hierbei neu aufgebauten Zweigwerke waren nicht nur am Markt orientiert, da die Bundesrepublik Deutschland verhältnismäßig klein ist und somit Transportkosten innerhalb des Landes nicht ins Gewicht fallen. In diesem Fall wurden die Standorte wirklich nur nach Der Menge qualifizierter Arbeitskräfte gewählt. Eine weitere Standortbegründung eines Zweigwerkes ist auf regionalpolitischer Ebene zu finden. Ein sehr gutes Beispiel ist das Opelwerk in Bochum. Der Bau wurde staatlich subventioniert um die Menschen, die früher im ortsansässigen Bergwerk tätig waren, in der nun neu entstandenen Fabrik zu beschäftigen. Durch die Schließung der Stollen gerieten sehr viele Menschen dieser Region unverschuldet in die Arbeitslosigkeit. Für viele dieser Menschen bot Opel wieder eine Daseinsgrundlage. Opel stellt in dieser Gegend 16 000 Arbeitsplätze.

Aufgrund dieser Ausführungen sollte erkennbar werden, dass die in der Gegenwart vorhandenen Werke sich zumeist in Ballungsgebieten befinden. Es ist jedoch nicht immer ersichtlich, ob das Ballungsgebiet vor dem Werk entstanden ist oder ob es sich eher andersherum entwickelt hat.

Eine Übersicht der Stamm- und Zweigwerke ist in der Abbildung „Stamm- und Zweigwerke Automobilindustrie" (vgl. Voppel 1990) zu erkennen. Dieser Darstellung ist ebenso die Zahl der Beschäftigten zu entnehmen. Es ist ebenso zu erkennen, dass die Zahl der Angestellten der Zweigwerke gegenüber denen Stammwerken unterliegt. In der Abbildung 1 sind die Zulieferbeziehungen in der Automobilindustrie und deren Umsätze dargestellt. Es ist ersichtlich, dass die größten Umsätze in direkter Umgebung der Standorte von

Produktionsbetrieben getätigt werden (vgl. Voppel G. (1990). „die Industrialisierung der Erde". Stuttgart: Teubner.).

2.2 die Volkswagen Aktiengesellschaft (AG)

Die nun folgenden Ausführungen betreffen den Volkswagenkonzern, wobei zu der Entstehung schon das Wesentliche im Abschnitt *1.2 geschichtliches zur Entwicklung in Deutschland* genannt wurde. Die Fertigungsunternehmen, die unter dem Namen Volkswagen produzieren, befinden sich auf fünf Kontinenten. Hierbei handelt es sich um Europa, Afrika, Asien- Pazifik, Nord- sowie Südamerika. Die Wahl dieser Standorte (abgesehen von Europa) ist durch den Agglomerationsvorteil der billigeren Arbeitskräfte begründet. Des Weiteren entfallen natürlich die immensen Transportkosten um den jeweiligen Markt von Europa aus abzudecken. Die Umsatzanteile auf den Kontinenten, sind der können jährlich den aktuellen Geschäftsbericht entnommen werden. In dieser Darstellungsform ist zu erkennen, dass das Hauptaugenmerk immer noch auf Europa fällt, hier also der größte Markt für den Absatz von Volkswagen gegeben ist. Der Konzern Volkswagen hat sich im Laufe der Zeit auf weitere Automobilwerke/ Namen ausgeweitet. Er hat sich die Typen Audi, Bugatti, Lamborghini, Rolls Roys, Bentley, Seat und Skoda zu Eigen gemacht, um eine breitere Angebotspalette zu erreichen. Konzerne wie Bugatti, Lamborghini, Rolls Roys und Bentley stehen natürlich vorrangig als Prestigeobjekte,

die für eine geringe Anzahl von wohlbetuchten Käufern vorhanden sind. Diese Automarken konnten relativ günstig eingekauft werden, da sie bis dato in einer sehr limitierten Stückzahl produzierten. Die ursprünglichen Firmen blieben in der alten Form erhalten, produzieren nun aber unter der Obhut des Volkswagen Konzerns. Die ganzen finanziellen Angelegenheiten laufen nun natürlich durch die Hände der VW AG. In dem Geschäftsbericht 1999 werden die Umsatzanteile 1999 nach Geschäftspartnern dargestellt. Man erkennt, dass der Konzern den meisten Umsatz (mehr als 65 %) über die Hauptprodukte Pkw von VW, Audi und Nutzfahrzeuge des Konzerns erhält. Der Volkswagenkonzern stellt 1999 Weltweit 306 275 Arbeitsplätze zur Verfügung. Das sind 9000 Stellen mehr als es 1998 waren. Die Produktion wurde innerhalb dieses Jahres von 4.822.679 auf 4.833.192 Einheiten (Fahrzeuge) angehoben und der Absatz sogar von 4.747.818 auf 4.922.996 Einheiten gesteigert (vgl. Geschäftsbericht der Volkswagen AG (1999). Volkswagen AG (Hrsg.).Wolfsburg).

Nun noch eine Anmerkung in Sachen Wirtschaftlichkeit des Konzerns. Mit 50,9 Mrd. DM lag die Bilanzsumme um 3,0 Mrd. DM über dem Wert des Vorjahres. Während das Anlagevermögen investitionsbedingt deutlich auf 25,3 Mrd. DM zunahm, ging das Umlaufvermögen geringfügig auf 25,6 Mrd. DM zurück. Das Eigenkapital erhöhte sich aufgrund der Ertragsentwicklung auf 17,2 Mrd. DM. Alles in allem geben die vorhandenen Daten einen Rückschluss darauf, dass der Konzern sich weiter im Wachstum befindet.

Alle benutzten Daten und Abbildungen zum Volkswagen Konzern wurden dem **Geschäftsbericht 1999 der VOLKSWAGEN AG** entnommen.

Herausgeber: VOLKSWAGEN AG

Finanz-Analytik und –Publizität

Brieffach 1848-2

38436 Wolfsburg

2.3 Audi Konzern in Zahlen

1938 war bereits jeder Vierte in Deutschland zugelassene Pkw ein Modell der Auto Union AG (Audi, Horch, Wanderer und DKW mit Fabrikationsstandort Chemnitz). Der Ausbruch des zweiten Weltkrieges setzte der raschen Expansion, die bis zu diesem Zeitpunkt vorhanden war, ein abruptes Ende. Nach dem Krieg zogen führende Mitarbeiter der Auto Union AG nach Westen und gründeten 1949 in Ingolstadt die Auto Union GmbH. Die weiträumigen Flächen, zahlreiche Kasernen und Remisen der ehemaligen Garnisonsstadt boten zwar günstige Standortvoraussetzungen, führten aber gleichzeitig zu einer Streuung der Betriebsstätten über das gesamte Stadtgebiet. Aus diesem Grund musste man zunächst auch auf die Produktion kleiner, wirtschaftlicher Zweitakt- Fahrzeuge wie das DKW-Motorrad RT 125 und den Schnell- Laster F 89 L beschränken. Seit 1950 entstanden im Werk Düsseldorf jedoch wieder DKW- Personenwagen. Ab 1959 wurden sämtliche DKW- Pkw`s im neu errichteten Werk Ingolstadt gefertigt. Im selben Jahr sorgte „das kleine Wunder" aus Ingolstadt, der 25 kW starke Dreizylinder DKW Junior, für Begeisterung. Es sollte jedoch weitere sechs Jahre vergehen, bis 1965 erstmals nach dem Krieg ein Modell mit dem Namen Audi das Band in Ingolstadt. Aber schon drei Jahre später begann die Erfolgsgeschichte des Audi 100, der seid 1968 den Automobilmarkt in Deutschland eroberte. Audi ergänzte seine Angebotspalette und baute in den folgenden Jahren seinen Standort weiter aus. Der Konzern etablierte sich Zusehens in der Bundes Republik. In den Neunziger Jahren stehen Namen wie Audi A3, A4, A6, A8, TT (Quattro), Avant für Fahrspaß, solide Verarbeitung und Zuverlässigkeit. Das neuste Projekt des Hauses ist der A2, der die Vorzüge eines Minivans mit sich bringt und die Lücken der verstärkten urbanisierten Gesellschaft zu schließen sucht (größtmögliches Platzangebot bei kleinstmöglichen Abmaßen). Einen kurzen Überblick über die vergangenen zehn Jahre bietet der Abschnitt „der Audi Konzern in Zahlen" (vgl. Geschäftsbericht der Audi AG (1999)). Es wird erkennbar, dass sich auch dieser Automobilkonzern noch im Wachstum befindet, da alle neuen Zahlen des Jahres 1999 die Zahlen des Jahres 1990 stark überschatten. So stieg die Produktion von Automobilen und Motoren innerhalb der letzten zehn Jahre stark an. Die Anzahl der Autos stieg von 429.597 (1990) auf 626.059 (1999) an. Die Produktion von Motoren wurde von 597.910 (1990) auf 1.266.896 (1999) angehoben. Insgesamt wurden 1999 mehr als 634.000 Automobile ausgeliefert. Die Anzahl der Mitarbeiter stieg von 37.035 (1990) auf 45.800 im vergangenen Jahr. Eine weitere durchaus imposante Zahl ist das Eigenkapital. Es wurde in den letzten zehn Jahren mehr als verdoppelt (1990 ⇒ 1.389.000.000 DM auf 2.819.000.000 DM ⇐ 1999).

Die Entwicklungen in der Automobilindustrie sind sicherlich durch den erhöhten Bedarf der Bevölkerung zu erklären. Die stark erhöhten Produktionszahlen sind durch technischen Fortschritt zu erklären. Dadurch ist eine Erhöhung der Stückzahlen um die Hälfte erst möglich.

Alle benutzten Daten und Abbildungen zum Audi Konzern wurden mit dem

Geschäftsbericht 1999 der Audi AG entnommen

Herausgeber: Audi AG

Finanzanalytik und Publizität

I/FF-12

85045 Ingolstadt

Deutschland

2.4 Mercedes Konzern in Zahlen

Die Entwicklung des Konzerns in den letzten Jahren verhielt sich den Entwicklungen von Volkswagen und Audi, die ich in meinen Ausführungen schon näher erläutert habe, sehr ähnlich. Ich möchte deshalb nur kurz oberflächlich ein paar Fakten anreizen um den Konzern kurz darzustellen.

Mercedes-Benz gehört nach einer Fusion von Daimler mit der Chrysler- Gruppe zur DAIMLER-CHRYSLER Cooperration. Mercedes-Benz gehört somit zur größten Mobilitäts-schaffenden Konzernfamilie der Welt.

Mercedes hat im Laufe des Jahres 1998 /99 seinen Umsatz um fast 6 Mrd. Euro erhöht. Waren es 1998 „ nur" *32.587.000.000 Euro,* so waren es 1999 immerhin schon *38.100.000.000 Euro.* Mercedes-Benz hat in diesem Jahr mehr als 4000 neue Arbeitsplätze geschaffen. Die Produktion wurde um 150.000 Einheiten erhöht und von den 1.097.142 produzierten Einheiten an Personenkraftwagen wurden 1.080.267 verkauft. Auch dieser Konzern hat ein positives Wachstum zu verzeichnen.

Alle benutzten Daten und Abbildungen zum Mercedes- Benz Konzern wurden dem **Geschäftsbericht 1999 DaimlerChrysler AG**

Herausgeber: DaimlerChrysler AG
70546 Stuttgart
Deutschland

3 Standorttheorie

Industriestandorttheorie nach Alfred Weber:

Der Theorie nach Weber liegt eine Reihe von Vereinfachungen zu Grunde, die zwar helfen das System der Standortwahl seiner Zeit besser zu verstehen, aber auch gleichzeitig Auslöser für Kritik an dieser Theorie sein können:

1. die Standorte der Rohmaterialien sind bekannt und gegeben

2. die räumliche Verteilung des Konsums ist bekannt und gegeben

3. das Transportsystem ist einheitlich, die Transportkosten sind eine Funktion von Gewicht und Entfernung

4. die räumliche Verteilung der Arbeitskräfte ist bekannt und gegeben, die Arbeitskräfte sind immobil, die Lohnhöhe ist konstant, aber räumlich differenziert, bei einer gegebenen Lohnhöhe sind die Arbeitskräfte unbegrenzt verfügbar

5. die Homogenität des wirtschaftlichen, politischen und kulturellen Systems wird unterstellt

Weber legt der Standortwahl vor allem drei Standortfaktoren zu Grunde: Transportkosten, Arbeitskosten und Agglomerationsvorteile. Ausgangspunkt bilden die Transportkosten, denn hier berechnen sich aus dem Gewicht des eingesetzten Materials, des Fertigerzeugnisses und der räumlichen Verteilung von Material und Konsum der Transportkostenminimalpunkt. Ist dieser ermittelt untersucht Weber die Abweichung von diesem Punkt durch den Einfluss der Arbeitskosten und der Agglomerationsvor- bzw. -nachteile.

Wie Anfangs bereits erwähnt vereinfacht Weber seine Theorie durch eine Reihe von Grundannahmen, die so in der Realität wohl nicht auftreten werden. Aus diesem Grund lässt sich seine Idee an vielen Stellen kritisieren. Beachtet man allerdings den Zeitpunkt der Herausgabe seines Buches und die Tatsache, dass diese Theorie als Ausgangspunkt weiterführender Untersuchungen dienen sollte so zeigt sich doch in ihren theoretischen Ansätzen sehr anschaulich einige der wichtigsten Grundlagen für die industrielle Stanortwahl. Am Ende dieser Ausführung möchte ich noch stichpunktartig einige Kritikpunkte an Webers Industriestandorttheorie nennen:

a) in der Praxis sind Transportkosten nicht ausschließlich eine Funktion von Gewicht und Entfernung
b) nicht immer ist eine unbegrenzte Verfügbarkeit von Arbeitskräften, vor allem mit entsprechender Qualifikation, gegeben
c) Unterschätzung der Agglomerationsvorteile
d) „Durch die Annahme konstanter Faktorpreise, Güterpreise, Produktionstechnik und der Nachfrage bleiben wichtige ökonomische Einflussgrößen unternehmerischer Standortwahl unberücksichtigt und Begrenzen den Erklärungswert der Theorie " (Schätzl 1998; 44)

4 Räumliche Mobilitätstheorien

Theorien der Gütermobilität

Den Gütermobilitätstheorien liegt die Annahme zu Grunde, dass die eigentlich mobilen Produktionsfaktoren, Arbeit, Kapital und Wissen gewisse Beharrungsmuster aufweisen. Da ein weiterer Produktionsfaktor, Boden, ohnehin immobil ist, entstehen auf Grund dieser genannten Bedingungen die Voraussetzungen für den Gütertausch.

Folgende Determinantenkomplexe werden in Ludwig Schätzls Wirtschaftsgeographie 1 genannt und erläutert.

⇒ mangelnde Liefermöglichkeiten aufgrund von Nichtverfügbarkeit

In diesem Fall ist die Situation entstanden, dass in der Region die Nachfrage nach einem bestimmtes Gut besteht, aber aus verschiedenen Gründen das Angebot nicht ausreichend besteht. Diese dauerhafte oder zeitlich begrenzte Nichtverfügbarkeit von Gütern noch Kapazitätsreserven besitzen. So entsteht ein interregionaler Gütertausch.

⇒ Preisunterschiede

die aus verschiedenen Gründen entstehenden Preisunterschiede zwischen zwei Regionen (z.B. durch Kostenunterschiede, Pro-Kopf-Einkommen) bewirken, das Güter die mit einem Preisvorteil produziert werden, exportiert und jene, die in anderen Regionen günstiger hergestellt werden, importiert werden.

⇒ Marktüberschneidungen bei heterogener Konkurrenz

Diese Entwicklung wird durch die vielfältigen Bedürfnisstrukturen und Qualitätsansprüchen der Nachfrager erklärt. Die Hersteller der verschiedenen Regionen versuchen, sich den entstehenden Bedürfnissen der Käufer anzupassen (z.B. durch Qualitätssteigerung) und ihr Produkt auf möglichst vielen Märkten zu vertreiben. So entsteht eine Angebotsvielfalt für die Nachfrager.

Der Umfang des Güterhandels wird von denen, zwischen den Regionen bestehenden Handelshemmnissen beeinflusst. (Schätzl 1998;122)

5 Kurzlexikon: 29 wichtige Begriffe der Wirtschaftsgeographie

Agglomeration: Zusammenballung

Agglomerationsnachteile: z.b. hohe Lohnkosten, hohes Bodenpreisniveau, die eine Zusammenballung verhindern

Agglomerationsvorteile: z.b. gute Infrastruktur, gutes Arbeitskräfteangebot, die eine Zusammenballung attraktiv machen

Fühlungsvorteile: gute Geschäftskontakte zu verschiedenen Institutionen z.B. Banken, Behörden etc.

Infrastruktur: notwendiger wirtschaftlicher und organisatorischer Unterbau z.B. Verkehrsnetz, Stromversorgung usw.

Standortfaktoren: für die Standortwahl maßgebliche Einflussgrößen die sich aus den örtliche gegebenen Sachverhalten und Bedingungen (Vor- und Nachteile) ergeben

weiche Standortfaktoren: z.B. Steuervergünstigungen, Fördermittel, ...

harte Standortfaktoren: z.B. Vorhandensein von Rohstoffen, Arbeitskräften, ...

Standortanforderungen: Kriterien die für eine Produktion unbedingt Voraussetzung sind

Standortbedingungen: vorhandene räumliche Bedingungen, Raumstruktur in ihrer Vielfalt

Subventionen: zweckgebundene (finanzielle) Unterstützung einzelner Wirtschaftszweige aus öffentlichen Mitteln

Industriedichte: Industriebeschäftigte pro Flächeneinheit (i.d.R./ km^2)

Industrialisierungsgrad:	Prozentsatz der Industriebeschäftigten an der Gesamtbeschäftigtenzahl
Industriebesatz:	Anteil der Industriebeschäftigten pro 1000 Einwohner
Bruttoinlandprodukt(BIP):	Im Inland durch In- und Ausländer entstandene wirtschaftliche Wertschöpfung eines Jahres
Bruttosozialprodukt(BSP):	Gesamtwert der Güter, die während eines Jahres in einer Volkswirtschaft durch Inländer produziert wurden, abzüglich der bei der Güterproduktion verbrauchten Vorleistungen, einschließlich der aus dem Ausland empfangenem Erwerbs- und Vermögenseinkünften
deduktive Modelle:	werden dadurch gebildet, dass von Annahmen ausgegangen wird
induktive Modelle:	werden dadurch gebildet, dass von der Beobachtung realer Sachverhalte ausgegangen wird. Diese Sachverhalte, die meist Komplex sind, werden vereinfacht, verallgemeinert.
Produktionsfaktoren:	Arbeit, Kapital, Boden, Wissen
Materialindex:	Quotient aus den Gewichten der lokalisierten Materialien und der Fertigerzeugnissen
Fusion:	Vereinigung von Unternehmen ohne Liquidation, bei der die übernehmende Gesellschaft in alle Rechte und Pflichten der übernommene Gesellschaft eintritt. Letztere verliert ihre wirtschaftliche Selbstständigkeit und verschwindet als Restobjekt

fusionsähnliche Unternehmenszusammenschlüsse:

> zumindest partielle, finanzielle Verknüpfung von Unternehmen im Gegensatz zur wirtschaftlichen Selbstständigkeit bleibt die rechtliche Autonomie erhalten

Materialindex:

> Quotient aus den Gewichten der lokalisierten Materialien und der Fertigerzeugnisse

Standortgewicht:

> Summe aus den Gewichten der lokalisierten Materialien der Fertigerzeugnissen

Tonnenkilometrischer Minimalpunkt:

> Standort mit der niedrigsten Transportkostenbelastung

Lokalisiertes Material:

> Material dessen Gewinnung an einen bestimmten Fundort gebunden ist

Reingewichtsmaterial:

> geht mit ganzem Gewicht in das Fertigerzeugnis ein

Gewichtsverlustmaterial:

> geht mit seinem Gewicht nur zum Teil oder gar nicht in das Fertigprodukt ein

Ubiquitäten:

> Gewinnung nicht an einen bestimmten Fundort gebunden, da sie überall verfügbar sind

6 Literaturangaben

Literatur:

- Brücher, W. (1982). „Industriegeographie". Braunschweig: Westermann.

- Duden Fremdwörterbuch (1997). Mannheim.

- Schätzl. L. (1998). „Wirtschaftsgeographie / 782 Theorie". 7. Aufl., (Nachdr. der 6., überarb. und erw. Aufl. 1996). Paderborn: Schöningh.

- Voppel, G. (1990). „Die Industrialisierung der Erde". Stuttgart: Teubner.

Geschäftsberichte:

- Geschäftsbericht 1999 der Audi AG
  Herausgeber: Audi AG
  Finanzanalytik und Publizität
  I/FF-12
  85045 Ingolstadt
  Deutschland

- Geschäftsbericht 1999 DaimlerChrysler AG
  Herausgeber: DaimlerChrysler AG
  79546 Stuttgart
  Deutschland

- Geschäftsbericht 1999 der Volkswagen AG
  Herausgeber: VOLKSWAGEN AG
  Finanz-Analytik und –Publizität
  Brieffach 1848-2
  38436 Wolfsburg